Fabriquer un poulailler

Mary Roberts Conover

Writat

Cette édition parue en 2023

ISBN : 9789359255668

Publié par
Writat
email : info@writat.com

Contenu

INTRODUCTION

FERMER les yeux et rêver d'une maison à la campagne avec ses pelouses, ses jardins, ses fleurs, ses chants d'oiseaux et le bourdonnement des abeilles, prouve le sentimental de l'homme, mais il n'est pas pratique celui qui ne peut appeler dans le domaine de l'imagination le rire. de la poule.

Lui ayant concédé une place légitime dans le projet de la maison de campagne, un bon logement est de la plus haute importance, et c'est sur ce point qu'on se trompe facilement. Rares sont ceux qui idéaliseraient une masure branlante comme foyer pour le troupeau, mais beaucoup d'entre nous, même s'ils ne mettraient pas leurs oiseaux très précieux dans une boîte hermétique, les sur-logent tellement qu'ils s'affaiblissent au lieu de profiter de nos soins.

Que le poulailler soit encore dans une phase d'évolution, tout le monde doit l'admettre, mais personne ne peut nier que de grands progrès ont été réalisés depuis que les volailles de basse-cour, autrefois négligées, sont connues comme une créature très compréhensible et réactive, qu'il faut traiter des motifs de bon sens.

Seulement, ce poulailler est un bon abri qui, en hiver, conserve autant de chaleur que possible, tout en permettant une abondance d'air frais ; cela laisse entrer la lumière du soleil, et pourtant en été il fait frais. Un tel bâtiment ne doit offrir aucune hospitalité à d'autres que la vie des volailles et doit être construit en fonction de la valeur économique de ses résidents. En bref, la structure doit être conçue de manière à se prémunir contre les courants d'air, l'humidité, les maladies et la vermine, pour assurer un résultat rentable. Un maximum de confort avec un minimum de risque assure une volaille saine.

L'emplacement du poulailler a une influence importante sur le style du bâtiment. Il est préférable de placer le bâtiment là où le terrain s'éloignera plutôt que vers lui. Un grand poulailler durable a été récemment construit et ensuite condamné par ses propriétaires comme étant humide. Le terrain était légèrement en pente vers le bâtiment, mais suffisamment pour y amener toutes les eaux de surface, rendant son sol en terre toujours humide par temps pluvieux. Si aucun autre site ne peut être sécurisé, il est alors préférable de monter le bâtiment sur des poteaux plutôt que sur des fondations ordinaires. Si l'on dispose de suffisamment d'espace pour considérer le type de sol, le sable est préférable, car il sèche rapidement et les pistes (on peut difficilement considérer un bâtiment sans pistes) peuvent être maintenues beaucoup plus propres.

Un brise-vent quelconque sur le côté froid du bâtiment constitue un avantage certain : un mur, une haie à feuilles persistantes, un bosquet ou d'autres bâtiments protégeront le poulailler et, peut-être aussi, une partie des parcours, avec avantage. à la volaille.

Dans la mesure où le troupeau familial peut varier en taille d'une demi-douzaine à cinquante ou soixante-quinze volailles, la taille du bâtiment et même son style doivent varier en fonction des besoins de chacun. Un petit poulailler, presque carré, peut abriter votre troupeau de huit ou dix personnes, mais le plus grand troupeau nécessite une maison plus longue et plus haute, avec une ventilation plus ample.

La ventilation au moyen de rideaux de toile ou de toile de jute a tellement simplifié le problème de l'air frais qu'il faut moins d'espace de construction là où l'on considère uniquement les dortoirs. L'espace nécessaire pour les poules dépend donc du mode de ventilation.

Qu'un grand bâtiment sans ventilation directe n'est pas aussi sain pour les volailles qu'une petite maison qui laisse entrer directement l'air frais, cela a été prouvé dans le cas d'un troupeau de volailles, au cours des deux derniers hivers. L'hiver précédent, soixante-quinze volailles étaient élevées dans un grand bâtiment attenant à une grange. Ses murs étaient épais, l'endroit était très haut et spacieux. La ventilation était assurée par un grenier. Les quartiers étaient maintenus propres et toutes les règles de santé connues étaient observées. Une porte vitrée a été installée dans l'embrasure de la porte, laissant ainsi entrer la lumière du soleil sur une petite partie du sol. Pas une poule n'était autorisée à poser son beau pied sur le sol froid et enneigé. Les oiseaux furent atteints de troubles catarrhales au début de l'hiver et restèrent dans un état peu prometteur jusqu'au printemps. L'hiver dernier, les oiseaux, maintenant au nombre de quarante, étaient hébergés dans un bâtiment de sept pieds sur douze, de sept pieds de haut, avec deux fenêtres à l'avant, chacune mesurant trente-quatre pouces de large et vingt et un pouces de haut, placées à un pied sous l'avant-toit. , et un pied sur les côtés. L'air frais entrait à travers un rideau de toile dans une fenêtre ; l'autre avait une ceinture de verre. Les oiseaux ont passé l'hiver en bonne santé. Ce bâtiment aurait conservé le numéro d'origine, mais dans ce cas, le rideau de toile de jute aurait également été utilisé sur l'autre fenêtre.

L'élevage des jeunes poussins doit être considéré comme un problème quelque peu distinct jusqu'à ce qu'ils soient en âge de lutter avec les autres poules pour leurs droits.

Des toits, des murs et des sols étanches sont essentiels à la vie et à la santé des oiseaux.

SUGGESTIONS SPÉCIFIQUES POUR LES MAISONS

MÊME SI aucun style de poulailler ne peut répondre à toutes les conditions dans toutes les localités, presque tous les bons modèles peuvent être adaptés à presque toutes les localités, ou au moins suggérer des caractéristiques adaptables.

Les descriptions des maisons adaptées telles que données ici peuvent facilement suggérer d'autres modifications.

Une maison de huit pieds sur dix-sept devrait offrir suffisamment d'espace pour se percher et nidifier pour un troupeau de trente ou quarante poules. Celui utilisé par l'auteur mesure sept pieds de large, quinze pieds de long et dix pieds de haut du sommet au sol, et est satisfaisant au printemps, en été et en automne. En hiver, cependant, un hangar à gratter de superficie égale est souhaitable. Il ne doit pas nécessairement dépasser trois pieds. Il doit être attenant au poulailler et une partie de son toit doit être mobile pour permettre le changement de litière. La lumière du soleil doit y entrer librement à travers le verre.

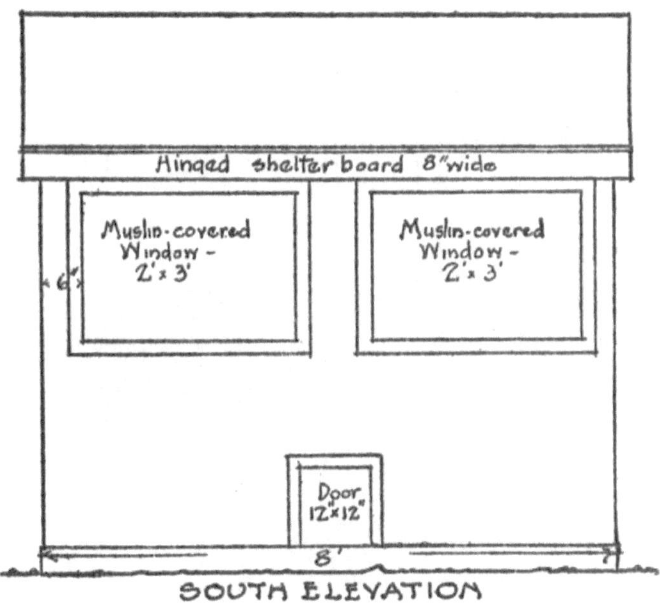

La façade d'une maison qui abritera convenablement une douzaine de volailles

Un petit poulailler pouvant abriter une douzaine de volailles et pouvant être utilisé là où l'on dispose de peu d'espace ou si l'on commence tout juste à élever des volailles, mesure huit pieds de long et six pieds de profondeur. Il a un toit à double pente, mesure cinq pieds et demi de haut depuis les bords inférieurs du toit jusqu'aux fondations, et sept pieds du sommet jusqu'aux fondations . L'avant-toit dépasse de quatre pouces, mais devant une planche de huit pouces de large est articulée au bord inférieur de l'avant-toit. Celui-ci est basculé vers l'arrière et accroché contre le côté du bâtiment les jours ensoleillés, mais par temps de pluie, il est basculé vers l'extérieur, étendant ainsi le toit de huit pouces pour empêcher la pluie de frapper les fenêtres recouvertes de mousseline en dessous. Il est maintenu dans cette position par des supports à chaque extrémité, qui sont articulés au bâtiment et peuvent être retournés contre lui lorsqu'ils ne sont pas utilisés.

Deux fenêtres de deux pieds de haut et trois pieds de large sont placées en façade, à six pouces de chaque côté, à trente-quatre pouces du sol et à huit pouces au-dessous de l'avant-toit. Des cadres recouverts de toile de jute sont installés sur les fenêtres, et ceux-ci pivotent vers l'intérieur si nécessaire et peuvent être fixés par des crochets suspendus au toit du bâtiment.

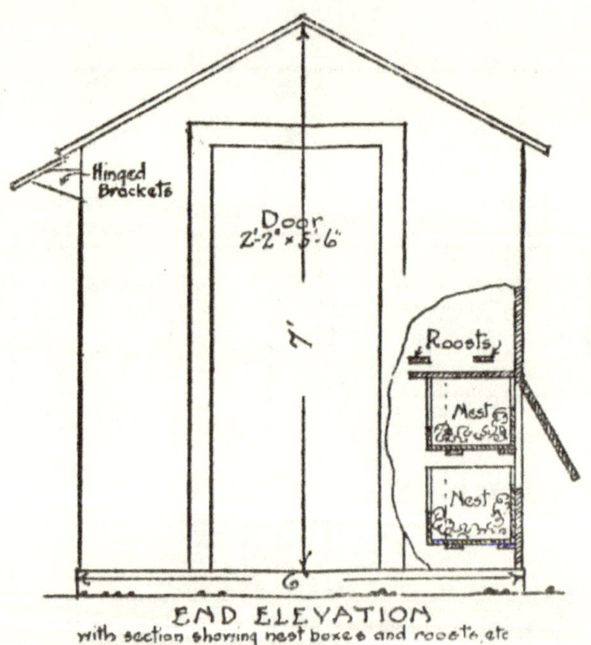

END ELEVATION
with section showing nest boxes and roosts, etc

La porte peut être située à chaque extrémité du bâtiment et doit être étanche aux courants d'air.

Le bâtiment a une fondation en brique et un plancher en béton six pouces plus haut que la surface environnante du sol et au niveau du sommet de la fondation. À l'arrière se trouvent des nids sous les gîtes. Ceux-ci mesurent 14 pouces de long, 12 pouces de haut et 11 pouces de large. Il y en a sept sur la rangée du bas, placées alternativement dans le sens de la longueur et dans le sens de la largeur, et six au-dessus. Les nids inférieurs sont improvisés à partir de boîtes achetées chez un épicier à cinq cents pièce et sont placés sur une étagère en forme de squelette surélevée de 4 pouces au-dessus du sol. Les nids supérieurs sont également placés sur une étagère squelette à 3 pouces au-dessus du premier niveau. Les côtés des boîtes sont coupés à 5 pouces de hauteur pour permettre à l'espace des poules d'entrer dans les nids. Ces nids sont accessibles aux poules par l'avant et sont accessibles pour la collecte des œufs en soulevant une porte battante à l'arrière ; cette porte mesure 7 pieds de long, 18 pouces de large et se trouve à 12 pouces au-dessus de la fondation à l'arrière.

Les perchoirs sont à trente-quatre pouces au-dessus du sol et s'étendent dans le sens de la longueur de la maison. Deux pourront accueillir le petit troupeau de douze ou quinze volailles. Trois pouces en dessous se trouve la planchette soutenue par des entretoises horizontales. Il est composé de deux sections et s'ouvre lorsque vous le souhaitez. Il mesure vingt pouces de largeur, son bord extérieur étant au même niveau que le premier gîte.

Les murs sont recouverts de papier de revêtement posé à l'intérieur sur les montants, et des planches à rainure et languette sont clouées dessus. L'extérieur est recouvert de bardages et le toit est recouvert de papier goudronné sur des planches rapprochées. Une porte à une extrémité, de 26 pouces de largeur et 5 pieds 6 pouces de hauteur, donne accès au bâtiment, et une petite porte de 12 × 12 pouces, glissant dans des rainures, est placée en façade près du plancher, pour l'utilisation des volailles.

Cette coopérative peut être modifiée selon les préférences individuelles ; par exemple, en lui donnant un toit à une seule pente.

Une maison de colonie portative de conception simple recommandée par J. Dryden et AG Lunn dans un bulletin de la station expérimentale de l'Oregon

L'arrière de la même maison, montrant l'extension des nichoirs avec couvertures individuelles

Pour la charpente et l'enceinte , ces matériaux seront nécessaires :

Pruche ou épicéa pour appuis (5 × 6 po) 13	38 pieds linéaires
Pruche ou épicéa pour supports de coin et plaque pour supporter les chevrons (3 × 4 po).	60 pieds linéaires

<table>
<tr><td>Pour supports intermédiaires, ou montants, renforts d'angle et chevrons (2 × 4)</td><td>120 pieds linéaires</td></tr>
</table>

Pour le toit sous le papier goudronné, 128 pieds linéaires de planches de six pouces seront nécessaires, ou 160 pieds de planches de cinq pouces ; 400 pieds linéaires de panneaux météo de cinq pouces seront nécessaires pour clôturer le bâtiment.

Pour les encadrements de fenêtres et de portes, 50 pieds linéaires de bois approprié seront nécessaires et 30 pieds linéaires de planches à rainure et languette de cinq pouces pour la porte.

La porte battante à l'arrière est constituée de panneaux imperméables et recouverte à l'intérieur de papier goudronné.

Environ 75 pieds carrés de papier goudronné seront nécessaires.

Environ 120 pieds carrés de planches seront nécessaires pour l'intérieur.

Lorsque les circonstances obligent à utiliser un endroit humide, le bâtiment doit être construit de manière à répondre à ces conditions. Les fondations en béton, en brique ou en pierre ne répondent pas aux conditions d'un sol sec où l'on doit utiliser un terrain mal drainé. Dans un tel cas, le bâtiment doit être posé sur poteaux. Des poteaux courts, hauts d'un pied seulement, répondent à peine, car les débris peuvent s'accumuler en dessous et abriter des animaux sauvages. Un espace d'au moins trois pieds doit être prévu en dessous. Des poteaux de cèdre espacés de six pieds, enfoncés dans le sol jusqu'à une profondeur de trois pieds et demi ou quatre pieds, un pied de béton étant d'abord coulé dans le trou, assureront un support ferme.

L'arrière et les côtés de cet espace ouvert peuvent être entourés de planches, la façade ouverte étant protégée par de lourds grillages galvanisés à mailles serrées, pour empêcher les animaux sauvages ou les volailles de se réfugier en dessous. Cependant, dans un endroit très humide, je n'enfermerais pas du tout de planches.

Le sol d'un tel bâtiment doit être constitué : d'abord de planches larges et rugueuses, puis d'une toiture en caoutchouc posée dessus et fixée à tous les joints pour le rendre résistant à l'humidité, puis de planches étroites, étroitement ajustées les unes aux autres. Ce revêtement de sol supérieur doit être bien séché et bien cloué.

Une maison de ce caractère, qui peut contenir de vingt-cinq à trente-cinq poules, avec des logements pour la nidification, le grattage, le repos et les bains de sable, a huit pieds et demi de profondeur, douze pieds de longueur et six pieds de hauteur à l'arrière. , et neuf pieds devant. Il a un toit à une seule pente, en bardeaux. Ses murs sont à double-bordure, avec un entoilage en papier de gainage. À l'avant se trouvent deux fenêtres de six pieds de haut sur trois pieds et demi de large. Ils sont équipés d'un double ouvrant démontable en été. La nuit, ces châssis sont descendus par le haut et un cadre recouvert de toile de jute est placé sur toute la fenêtre, laissant passer l'air frais et empêchant le rayonnement de l'air plus chaud à travers le verre exposé.

Pour une maison située dans un endroit humide, les grandes fenêtres constituent un excellent moyen d'assurer la sécheresse en hiver si elles sont utilisées pour transmettre la lumière du soleil pendant la journée et couvertes la nuit comme expliqué ci-dessus.

Un des types de stations de l'Oregon dans lequel toute l'extrémité est en filet, recouvert de tissu par temps froid

Une maison de colonie sur patins, 7 × 12 pieds, comme recommandé par l'Oregon Experiment Station pour accueillir 30 à 40 volailles

Un bâtiment pratiquement ignifuge peut être constitué de blocs de ciment pour les fondations et les murs, avec un sol en béton six pouces plus haut que le sol extérieur. Le bois peut être utilisé pour les chevrons et le plafond, le toit étant recouvert de métal, de tuiles ou d'amiante et le plafond intérieur enduit.

Un autre bâtiment qui fournira à soixante-quinze ou cent poules un lieu de repos, de grattage et de nidification en hiver, lorsque le mauvais temps rend le confinement nécessaire, mesure vingt pieds de long, douze pieds de profondeur, six pieds de haut à l'arrière et dix pieds. pieds hauts devant. Il a une fondation en brique et un plancher en béton situé à dix pouces au-dessus du niveau du sol à l'avant du bâtiment, afin de l'amener bien au-dessus de la surface du sol à l'arrière - le site est en pente.

À l'avant se trouvent trois fenêtres, à un pied des côtés du bâtiment, à un pied en dessous du sommet et à un pied l'une de l'autre. Ils mesurent cinq pieds quatre pouces de largeur, trois pieds et demi de hauteur et sont équipés de cadres recouverts de toile de jute, qui peuvent être soulevés et fixés au plafond si on le désire. Des planches météo, du papier de revêtement et des planches étroites à l'intérieur forment les murs.

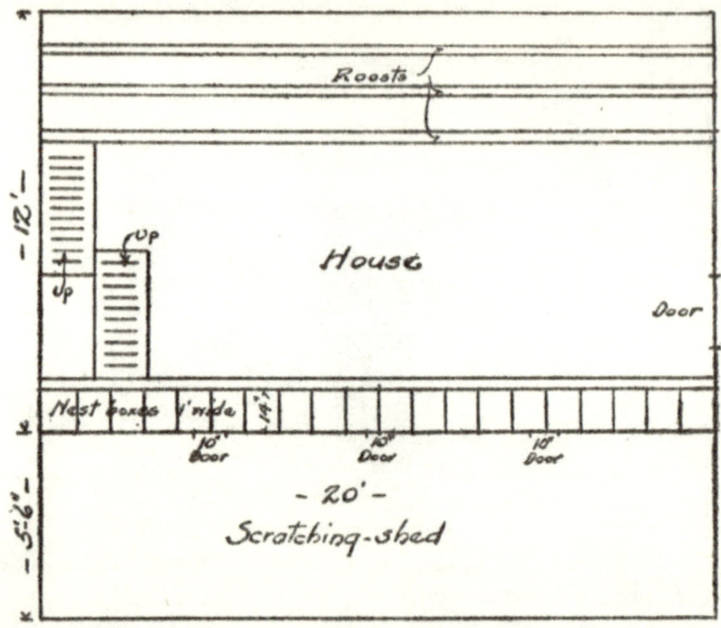

Plan d'une maison pour offrir un logement pour se percher, se gratter et nicher à soixante-quinze ou cent volailles

Juste en face, et s'étendant sur toute la longueur du bâtiment, se trouve une véranda vitrée de quatre pieds de haut et cinq pieds de large . Une extrémité de celui-ci a une porte pour permettre le nettoyage du sol. Le sol en béton de la pièce principale se prolonge dans la véranda. Trois ouvertures de dix pouces de largeur et d'un pied de hauteur relient cette véranda à la pièce principale et sont munies de glissières pour être fermées la nuit lorsque la véranda n'est plus un endroit chaud.

Les gîtes se trouvent à l'arrière et s'étendent sur toute la longueur du bâtiment. Il y en a trois, placés à quatre pieds du rez-de-chaussée. Ces perchoirs sont amovibles et placés dans des rainures creusées dans les consoles en bois qui les maintiennent. Une planche à charnières en sections est suspendue sous les perchoirs.

Les nids sont au nombre de quarante répartis sur deux niveaux et sont fixés sur la façade du bâtiment, au-dessous des fenêtres. Ils sont couverts en haut, ouverts sur le côté, et ont devant eux un marchepied d'un pied de large. Les nids et les planches sont soutenus par de solides supports en bois espacés d'environ trois pieds. Les nids et les perchoirs sont accessibles par des planches à grimper situées à une extrémité de la pièce. La porte est placée à l'extrémité opposée du bâtiment et mesure vingt-six pouces de largeur et six pieds de hauteur. Il peut être élargi si vous le souhaitez, car il y a de la place.

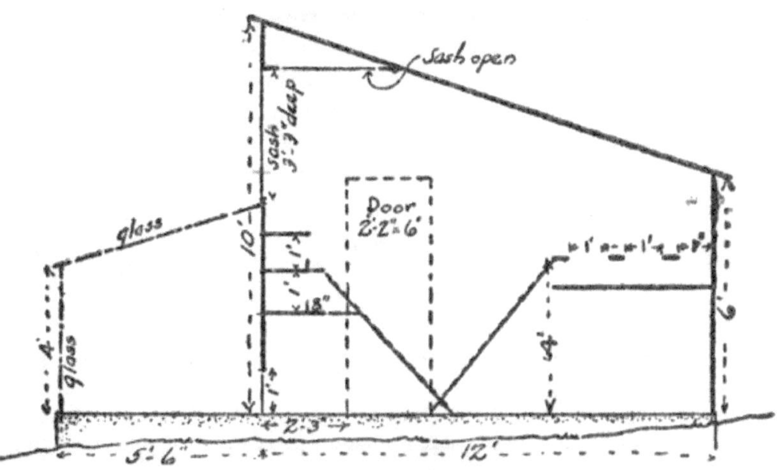

Coupe transversale de la maison pour soixante-quinze ou cent volailles, montrant le hangar vitré à gratter sur la façade sud

Le soin des jeunes oiseaux est grandement allégé par des maisons construites spécialement pour eux. Ceux-ci n'ont pas besoin d'être grands ni élaborés et, comme ils sont destinés à être utilisés pendant les saisons les plus douces de l'année, ils n'exigent pas de grandes précautions contre le froid.

Les soins aux jeunes oiseaux sont grandement allégés par l'utilisation de petites maisons déplaçables.

Alors que les poulaillers à toit incliné, qui peuvent être déplacés, sont les meilleurs pour le soin des grands troupeaux de volailles en croissance, la progéniture du petit troupeau familial peut être commodément hébergée dans un long poulailler divisé en compartiments, avec de petits enclos séparés avant chaque division. Un poulailler de ce genre, long de six pieds, large de trente pouces et haut de vingt-sept pouces, abritera très confortablement soixante-quinze jeunes poussins, depuis l'enfance jusqu'à l'âge des grands poulets de chair. Le sol doit être étanche et chaud, et le poulailler monté sur des patins ou des glissières, de manière à pouvoir être déplacé si on le souhaite. Le dessus de ce poulailler s'incline doucement et se soulève comme un couvercle pour l'inspection et le nettoyage, et ce dessus est articulé vers l'arrière et recouvert de papier goudronné.

Étant donné que les jeunes poussins s'entassent et s'étouffent si l'apport d'air est limité, toute la façade du poulailler, jusqu'à sept pouces au-dessus du fond, est recouverte de mousseline grossière ou de sacs au printemps et de grillage galvanisé en été.

La dimension du bois nécessaire à chacun de ces bâtiments est à peu près la même : Bois pour appuis, 5 × 6 po; poutres transversales et supports principaux, 4 × 3 po ; solives, supports et chevrons intermédiaires, 2 × 4 po ; et pour les planches météo et les planches de plancher, toute largeur pratique.

Du bois bien séché doit être utilisé et doit être de première classe en son genre. Des matériaux de deuxième qualité peuvent être utilisés pour le bâtiment en bois, mais une construction défectueuse du poulailler peut entraîner des pertes dues aux courants d'air au sol ou aux murs plus importantes que ne le justifierait l'économie réalisée lors de la première dépense.

SOLS ET FONDATIONS

LE sol du poulailler a un rapport aussi important avec la santé des volailles que toute autre partie du bâtiment. Un sol froid et plein de courants d'air est une menace constante, provoquant des affections catarrhales, et un sol humide, avec son évaporation constante d'humidité malsaine, est également défavorable.

Le sol du bâtiment est en relation étroite avec la fondation ; en fait, son caractère est en réalité déterminé par le type de fondation utilisée. De cette relation se sont développés trois styles distincts de revêtement de sol : le sol en terre ou en ciment avec des fondations en brique ou en pierre ; le plancher en planches avec une fondation ; et le plancher en planches sans fondation, la structure étant soutenue par des poteaux.

Chacun de ces projets peut être couronné de succès si ses exigences particulières sont respectées.

Le plancher en planches avec fondation constitue un sol chaud, mais il n'est pas durable sur une fondation parfaitement étanche, ce qui a tendance à provoquer la pourriture à cause de l'humidité du sol en dessous. Pour éviter cela, des ouvertures doivent être laissées à chaque extrémité de la fondation, des ouvertures de la taille d'une extrémité de brique. Dans un bâtiment long, de telles ouvertures devraient être espacées de dix pieds.

De tels endroits sont cependant une invitation aux rats et doivent être solidement protégés par un fil galvanisé épais à mailles serrées ou par une grille en fer.

Le revêtement de sol doit être suffisamment étanche pour empêcher les courants d'air de le traverser. Dans le cas d'un plancher en planches sans fondation, le bâtiment repose sur des poteaux, et certains éleveurs laissent l'espace en dessous ouvert pour que l'air puisse passer en dessous. D'autres embarquent du côté du vent . Cependant, de tels bâtiments ne devraient jamais être fermés sur tout leur pourtour, car les rats creuseraient en dessous ou rongeraient, causant ainsi beaucoup de problèmes.

Poser de l'étain sur les bords sur l'entoilage sur une largeur d'environ six pouces, en le laissant dépasser sous le mur intérieur et en rencontrant le mur extérieur, empêchera les rats de ronger le bâtiment.

Un sol chaud est sécurisé en le posant en double avec un entoilage étanche à l'air de papier de toiture ou d'une substance similaire. (Pour la couche inférieure des planches, la pruche répond bien.) Le cimentage de la surface du sol donne une surface propre et lisse.

Un sol en terre battue ou en ciment est froid et humide s'il est inférieur ou même au niveau de la surface extérieure du sol. Il devrait être d'au moins six pouces plus haut et, pour le rendre sec, une couche de pierre de plusieurs pouces de profondeur devrait être placée sous les six pouces de terre.

Tous les sols doivent être nettoyés fréquemment, de la litière fraîche doit être placée dans toutes les pièces à gratter et la lumière du soleil doit y pénétrer.

En cas d'utilisation d'un sol en terre battue, de la terre fraîche ou des cendres doivent remplacer celles enlevées chaque jour.

Bien que cela ne soit pas d'une importance secondaire, la fondation du poulailler est une considération secondaire, car après avoir décidé de son emplacement, de la manière de le construire et du meilleur type de sol pour ses poules dans ces conditions, on peut arriver à une conclusion sur la Fondation.

Un sol en terre battue plus bas que la surface extérieure est froid et humide

Le revêtement de sol doit être parfaitement étanche pour empêcher les
courants d'air de le traverser

Les fondations continues en brique, en béton ou en pierre ont un aspect
si stable que, à elles seules, elles sont préférables aux poteaux. Toutefois,
lorsque des poteaux en brique ou en béton sont utilisés, l'effet n'est pas
instable.

Sur un bon chantier, j'aime les fondations en brique ou en béton, et je n'en
aurais pas d'autre. Dans de telles conditions, il répond aux exigences d'un
bâtiment durable pour volailles.

Les fondations du poulailler ne doivent pas nécessairement être plus
profondes que deux ou deux pieds et demi sous la surface du sol, selon le
climat de la localité. Le but est de le poser en dessous du point de congélation.
Elle doit être suffisamment haute pour élever réellement le bâtiment au-
dessus du sol et de son humidité. Lorsque le sol s'infiltre autour de la
fondation, la recouvrant progressivement et enfouissant partiellement le bois
au-dessus, il est probable que les planches météo se décomposent autour de
la base.

Demandez à un homme qui comprend son travail de faire le travail de
pose des fondations, sinon votre superstructure en souffrira.

LE TOIT

LE toit du poulailler est, pour l'aviculteur moyen, un problème résolu par l'état de son portefeuille, le climat et l'emplacement de ses bâtiments, ainsi que par ses préférences personnelles.

La forme du toit peut être déterminée par le goût, le type d'architecture dominant, etc., mais lorsque le bien-être des volailles elles-mêmes est compromis par un certain style, les préférences personnelles doivent céder le pas et la santé des volailles elles-mêmes détermine le choix.

Les toits qui peuvent être rendus étanches le plus facilement possible, qui ne dépassent pas au point d'empêcher la lumière du soleil de pénétrer par les fenêtres et qui sont visibles, sont l'objectif du constructeur moyen.

Considéré uniquement du point de vue de l'utilité, le toit à une seule pente semble être le plus populaire. Il donne le bassin versant et l'espace intérieur nécessaires pour le moins de matériaux possible.

Alors que la hauteur du toit par rapport au sol doit être influencée par les autres dimensions du bâtiment, les volailles se contenteront aussi bien d'un bâtiment au toit bas, correctement nettoyé et aéré, que d'un bâtiment au toit élevé, mais l'inconvénient d'en entretenir le bâtiment au toit bas doit être pris en compte, et c'est pourquoi peu d'entre nous souhaitent un toit inférieur à six pieds.

Après avoir décidé de la forme du toit, le point suivant concerne le matériau.

En calculant le coût, il faut considérer dès le départ les dépenses possibles liées à l'entretien d'un toit bon marché. Certains toits absorbent les rayons du soleil au point de rendre le bâtiment trop chaud. Dans certains endroits, un toit coupe-feu est impératif, par la loi ou par opportunité.

Le toit à une seule pente est le matériau le plus économique et le plus économique en termes de main d'œuvre, un aspect important dans le logement de grands troupeaux.

Le bois, le métal et les couvertures en papier goudronné ou en feutre ont des qualifications particulières qui les adaptent aux exigences individuelles. Les couvertures en papier ou en feutre séduisent un grand nombre de personnes, car le travail d'application du matériau peut être réalisé par un amateur. Ces couvertures sont posées sur des planches et fixées par des clous, les joints étant rendus étanches au ciment. Les toitures pliantes doivent être retournées bien au-delà des bords du toit et solidement fixées. Une marge de recouvrement des bandes est prévue sur le matériau et ce recouvrement doit être respecté. Le coût du ciment et des clous nécessaires aux travaux est inclus dans le prix de la toiture au rouleau. Il existe plusieurs bonnes toitures goudronnées sur le marché à un dollar et quatre-vingts cents ou un dollar et quatre-vingt-dix cents le rouleau d'environ cent pieds carrés. Lors de l'achat, il est préférable de sélectionner ceux ayant une surface ignifuge. La toiture en feutre à deux épaisseurs est plus économique que la toiture à une seule couche, car elle constitue un toit beaucoup plus durable. Après trois ou quatre ans, il faudra repeindre, et cela doit être fait rapidement pour préserver le toit. Le prix des toitures en feutre varie, allant de deux à deux dollars et demi par carré.

Toutes les toitures flexibles doivent être posées sur des planches bien ajustées, sinon elles auront tendance à se briser au niveau des crevasses.

Les toitures en acier galvanisé et en fer sont les plus durables de toutes. La meilleure qualité de fer galvanisé coûte entre quatre dollars et vingt-cinq cents à cinq dollars par carré (100 pieds carrés), couvrant les frais de pose, mais comme il est absolument ignifuge, des taux d'assurance plus bas sont disponibles sur les bâtiments où il est utilisé. .

Le toit galvanisé est très chaud en été, ce qui dans certaines parties constitue une objection. Le papier goudronné est également chaud.

Les toits en bardeaux de cèdre ou de pin blanc durent plus longtemps que les toitures souples et coûtent vraiment moins cher en fin de compte. Un aviculteur qui a de l'expérience avec les toitures en métal, en feutre, en papier et en bardeaux, préfère cette dernière solution, affirmant qu'elle lui sert le mieux au moindre coût.

Lorsque d'autres bâtiments viennent d'être construits, il peut rester des matériaux de toiture de qualité supérieure qui serviront à couvrir le poulailler. Les tuiles et les bardeaux d'amiante font d'excellents toits et sont très esthétiques , mais leur utilisation exige un traitement différent de la charpente du toit et un ouvrier expérimenté pour faire un travail satisfaisant.

MURS, FENÊTRES ET VENTILATION

OBTENEZ un afflux d'air frais sans courants d'air et sans refroidissement trop important de l'air, et vous avez résolu le problème de la ventilation. Pour éviter une baisse excessive de la température, il faut qu'il y ait, en plus d'un apport d'air frais, un apport continu de chaleur, et cela existe chez les volailles elles-mêmes. C'est ce que nous devons prévoir de conserver. En admettant que la fenêtre recouverte de tissu, désormais si universellement utilisée, soit la meilleure solution pour laisser entrer l'air frais avec le moins de perte de chaleur, cela s'accompagne d'une parfaite étanchéité des côtés sans fenêtre.

En ce qui concerne les matériaux, le bois, la brique, les blocs de ciment ou la pierre sont également satisfaisants si leurs exigences sont comprises et utilisées en fonction des conditions. Certains éleveurs de volailles s'opposent à la brique ou à la pierre, prétendant qu'elles sont humides, alors que nous savons que la pierre ne crée pas d'humidité. Bien entendu, la maçonnerie étant un meilleur conducteur de chaleur que le bois, l'humidité déjà présente dans l'air se condensera sur la pierre, le béton, etc., alors qu'elle ne sera pas visible sur le bois. L'air chargé d'humidité, froid et malsain pour les volailles, doit être dû à un sol humide, à une mauvaise ventilation ou à une raison similaire. Le fait qu'un certain mur de béton ou de pierre soit sec prouverait que les conditions étaient réunies, tandis qu'un mur en bois ne montrerait des signes d'avertissement qu'en cas d'humidité extrême.

Dans les localités où la pierre abonde, l'ensemble du bâtiment peut être construit en pierre, laissant ainsi suffisamment d'espace aux fenêtres.

Tous les bâtiments dont une partie quelconque de leur construction est enduite ou cimentée doivent pouvoir sécher complètement avant que le troupeau n'y emménage.

En tant qu'aide importante à l'uniformité de la température en hiver, l'espace mural rempli d'air confiné est important. Les blocs de ciment et les tuiles creuses y contribuent dans une certaine mesure. Un mur à double panneau peut donner ce résultat s'il est soigneusement construit. En plaçant du papier de revêtement sous les planches de protection contre les intempéries, ainsi que sous les planches de plafond, on obtient un mur très satisfaisant.

Un mur chaud est réalisé en combinant des briques et des planches, en utilisant des planches contre les intempéries à l'extérieur, de la brique à l'intérieur et du plâtre ou des planches de plafond sur la face intérieure.

Un mur à une seule planche peut être rendu confortable comme quartier d'hiver en recouvrant l'extérieur de papier de toiture et en le faisant peindre en noir. Ces poulaillers et poulaillers peints en noir sont cependant trop chauds en été.

Les murs intérieurs du poulailler doivent être suffisamment lisses pour rester propres. Un bon enduit à bois dans les interstices empêche les poux et les acariens de s'y loger, mais si, lors du blanchiment des murs, on a soin de faire pénétrer la chaux dans les interstices avec la brosse, et que ce travail se fait assez souvent, disons quatre fois par an. année, ces parasites seraient maîtrisés.

Ayez pour règle d'avoir les fenêtres du côté clair et ensoleillé du bâtiment, orientées au sud ou au sud-est, mais de n'en avoir aucune sur les trois autres côtés.

Les fenêtres doivent vraiment être d'une taille et d'une position telles que la lumière du soleil puisse atteindre chaque partie de la surface au sol pendant une partie de la journée. Même si nous croyons tous aux bienfaits de la lumière du soleil, nous ne réalisons pas toujours à quel point elle joue un rôle important dans le soin des volailles. Si nous considérons que la vermine et les maladies prospèrent en son absence et que les mesures correctives sont plus ou moins difficiles et coûteuses, nous intégrerons dans nos projets de construction toutes les entrées possibles de lumière solaire.

Les fenêtres doivent occuper une grande partie de la surface du mur de façade, au moins un tiers, et être réparties uniformément sur la partie supérieure de la surface. Les châssis de fenêtre ou les cadres de rideaux *mobiles sont impératifs*.

La position du dispositif de ventilation dépend de la position des volailles la nuit. C'est un fait étrange que les êtres humains, les animaux et les volailles supportent mieux un courant d'air venant directement vers l'avant de la tête que venant de l'arrière ou des côtés ; c'est pourquoi je placerais les perchoirs de manière à ce que les volailles fassent face à la fenêtre et reçoivent l'air frais au niveau des narines plutôt que par le haut ou par le bas. Ils sont ainsi fortifiés contre une baisse de température. Par exemple, lorsque les perchoirs doivent être à deux pieds au-dessus du sol, j'aurais les fenêtres à environ vingt pouces du sol, à condition que le toit soit bas en conséquence. Avec les perchoirs à trois ou quatre pieds au-dessus du sol, la fenêtre devrait être de trente-deux à quarante-quatre pouces au-dessus du sol, etc. Je pense qu'il est sécuritaire d'avoir les fenêtres à pas plus de huit ou douze pouces au-dessous de l'avant-toit. et à six pouces des côtés du bâtiment.

Lorsque des pigeons et des poules sont élevés, les abris pour les deux
peuvent être combinés de manière économique.

Même si certains aviculteurs ont jeté le verre, je ne peux pas l'exclure
complètement. Il a certainement son utilité lors des froides journées d'hiver,
lorsque la chaleur des rayons du soleil est recherchée sans l'air froid de l'hiver.
Je pense que ces fenêtres en verre doivent être couvertes la nuit et que le
rideau en tissu est donc le mode de ventilation nocturne le plus judicieux. De
la toile de jute, du sac ou de la mousseline grossière peuvent être utilisés pour
recouvrir les cadres des fenêtres. La toile de jute est la plus substantielle. Pour
le fixer au cadre, des punaises avec des disques d'étain sous la tête (comme
celles avec des clous à toiture) peuvent être utilisées, ou une fine bande de
bois légère peut lier la toile de jute au cadre, et à travers elle les punaises sont
enfoncées.

Partout où du verre est utilisé, une certaine protection du grillage à volaille
est nécessaire pour éviter qu'il ne se brise.

LA PORTE DU VOLAILLIER

CELA aide à débarrasser la maison de la poussière si, lorsque les oiseaux sont dehors, une brise chercheuse peut souffler de temps en temps. Les portes d'extrémité présentent donc un grand avantage, mais elles doivent être étanches aux courants d'air.

Les avantages d'un poulailler par ailleurs bien construit peuvent être réduits à néant par des portes mal faites, qui s'ajustent mal dans leurs encadrements.

Les portes qui s'ouvrent sur le côté froid ou exposé d'un bâtiment nécessitent plus de précautions contre les courants d'air que celles qui s'ouvrent sur le côté ensoleillé. La porte doit être constituée de planches bien ajustées et recouverte sur la face intérieure de papier de toiture goudronné ou de planches minces et étroites.

Les conseils suivants concernent une porte pratiquement à l'épreuve des courants d'air : Pour la porte elle-même, utilisez des planches à rainure et languette d'un pouce d'épaisseur, renforcées de six pouces du haut et du bas par des traverses de six pouces de largeur et sous le loquet. par un rectangle du même bois. Par-dessus, du papier de revêtement est collé et placé autour des traverses. Le côté intérieur est fini avec des planches de plafond étroites à rainure et languette. (Ceux-ci peuvent être placés sur les lattes ou entre elles.) Dans le cas où ils doivent être placés sur les lattes, l'espace ouvert entre les deux surfaces des planches est fermé par une étroite bande de bois.

Le cadre de la porte a cinq pouces d'épaisseur, le panneau de seuil six pouces de largeur et est incliné jusqu'à un pouce plus bas à l'extérieur qu'à l'intérieur. Sur les côtés et sur la partie supérieure du cadre de la porte sont clouées des bandes d'un pouce d'épaisseur qui, avec le bord du cadre contre lequel la porte se ferme, donnent un bord de deux pouces qui exclut efficacement les courants d'air. Contre le bord inférieur de la porte se trouve une épaisse bande de feutre, renforcée de cuir à l'endroit où elle est punaise à la porte.

Nids et perchoirs

LORSQUE nous arrivons à l'aménagement intérieur du poulailler, nous sommes sur le point d'accueillir le troupeau et pouvons consulter dans une certaine mesure les particularités de la race que nous avons choisie.

En ce qui concerne les nids, les races de volailles plus lourdes ont besoin d'un accès plus facile que les races plus légères. Ces dernières semblent apprécier une ascension vers leurs nids, et il convient de les favoriser.

Les nids peuvent se trouver sur les côtés du bâtiment, sous les perchoirs et les planches de couchage, ou dans tout autre endroit pratique, et il doit y en avoir autant qu'il y a de place. Les nids dispersés et possédant certaines caractéristiques distinctives semblent attirer davantage certaines volailles. Les nids disposés en rangées de trois ou en blocs de trois semblent être facilement identifiés par les poules si les différents ensembles de nids sont placés différemment, mais une rangée d'une demi-douzaine de nids exactement identiques est source de confusion pour la poule moyenne.

Lorsque l'espace est limité, les nids doivent être placés sous les perchoirs, protégés par une planche en bois lisse pour être à l'épreuve de la vermine et amovible pour être hygiénique. Une planche à charnière sert à assombrir le nid et peut en même temps être maintenue par un crochet si vous le souhaitez. Pour plus de propreté, le nid doit être fait de bois et traité avec un produit antiparasitaire qui doit être bien lavé dans toutes les crevasses. Si le nid est surélevé de quatre ou cinq pouces du sol et construit avec un fond poreux, il est plus facile de le garder au sec. Les compartiments doivent être séparés pour éviter les interférences entre les couches. Chacun d'eux devrait mesurer, en règle générale, 16 × 12 × 14 pouces, bien que j'utilise maintenant des nids de 13½ pouces de long sur 10½ pouces de large et 12 pouces de haut. Afin d'être soulevé pour le nettoyage, un matériau léger doit être utilisé. Un agencement pratique est une boîte longue et étroite, adaptée à l'espace disponible, divisée par des cloisons en nids individuels. Le grillage constitue un très bon fond pour ce type de nid. J'aime soit celui-ci, soit le fond à lattes, à travers lequel la poussière et les matériaux de nidification usés sont tamisés et l'air circule. Bien entendu, un tel nid doit être soutenu par des supports ou suspendu afin que l'air puisse pénétrer dans ses parties. Les boîtes d'épicerie peuvent être transformées en bons nids en retirant le fond et en clouant des lattes lisses en travers, avec un pouce et demi d'espace entre chacune. Du fil de volaille à mailles en pouces peut être utilisé si l'on souhaite utiliser le grillage. Une couche de peinture donne une surface plus hygiénique, mais si cela n'est pas possible, le bois doit être raboté le plus lisse possible et blanchi à la chaux.

La dissimulation est généralement favorable à l'utilisation des nids, et si l'appartement est clair et ensoleillé, un grillage en planches peut être utilisé pour le sécuriser, ou l'entrée du nid peut être détournée de la lumière. J'utilise des rideaux de toile avec une nette augmentation de popularité parmi mes volailles. Les nids qui étaient constamment évités sont désormais constamment utilisés car ainsi obscurcis. Le sac peut être suspendu à une bande de bois placée devant les nids. Cela devient poussiéreux, mais si l'on dispose de deux ou trois rideaux de ce type, ceux qui sont souillés peuvent être suspendus à l'extérieur, au vent et à la pluie, pour être nettoyés.

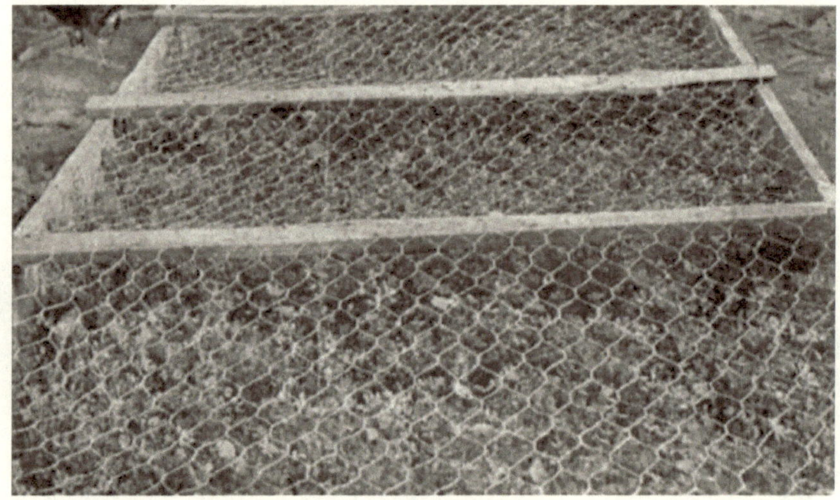

Luzerne en parcours sous filet, à travers lequel les poules peuvent cueillir

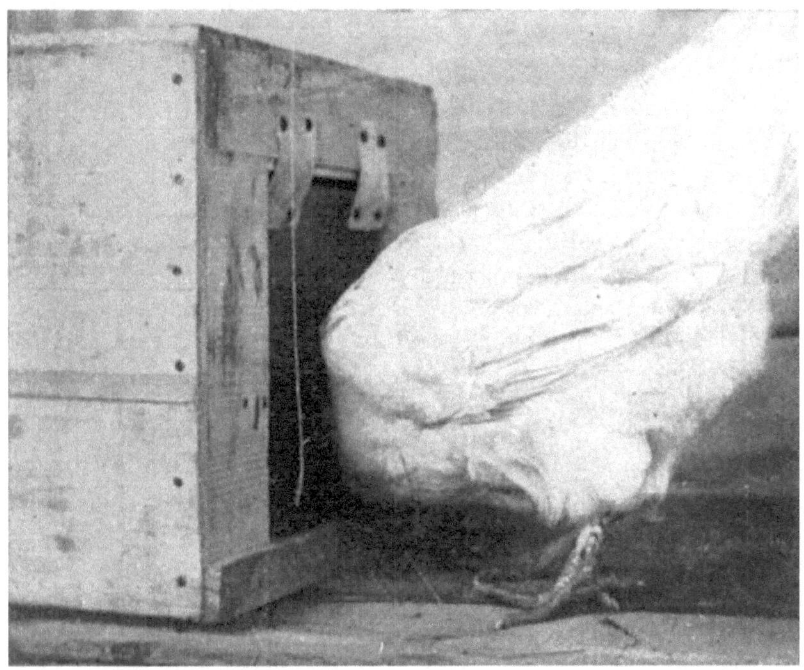

Même avec un petit troupeau, le nid-piège doit être utilisé – il ne sert à rien de nourrir les non-producteurs.

Le nid-piège est aussi utile au petit éleveur de volailles qu'à l'homme qui exploite une grande usine de volailles. Il est prévu que chaque poule pondeuse et son produit puissent être identifiés. Un nid-piège peut être improvisé à partir d'une boîte de taille appropriée. Découpez l'entrée et la sortie dans les côtés opposés, et dans chacun d'eux suspendez une porte de manière à ce qu'elle puisse s'ouvrir sous la pression de la tête de la volaille. La porte d'entrée s'ouvre uniquement vers l'intérieur, la porte de sortie s'ouvre vers l'extérieur. Une fois l'œuf pondu, la poule passe par la sortie dans un petit enclos , d'où elle est libérée après que son exploit ait été enregistré.

Lorsque des méthodes rationnelles sont utilisées pour la construction des nids, il n'est guère nécessaire d'utiliser des nids pour assurer la protection des nids par les poules. Toutefois, là où ils sont utilisés, ceux au fini mat sont préférables à ceux en verre lisse.

Les poules veulent un perchoir qu'elles peuvent serrer avec leurs orteils. Il doit être suffisamment large pour supporter le poids de l'oiseau sur la pointe du pied et suffisamment fin pour permettre aux orteils de s'enrouler en dessous. Cet acte est un réflexe et fait autant partie de leur sommeil que gratter fait partie de leurs activités d'éveil. Ce pouvoir d'agripper le perchoir semble appartenir aux oiseaux en conditions vigoureuses. Les oiseaux malades qui ne peuvent pas se percher ont rarement assez de vitalité pour récupérer.

Les gîtes de deux pouces et quart de largeur et d'au plus un pouce d'épaisseur, avec des bords légèrement arrondis favorisant la courbure des orteils, sont satisfaisants. Ils peuvent être disposés horizontalement ou légèrement inclinés en forme d'échelle. Les poteaux lumineux coupés dans de jeunes arbres constituent des gîtes appropriés, s'ils sont grattés de l'écorce et rasés pour les aplatir légèrement sur la face supérieure. Les perchoirs horizontaux peuvent être placés à environ un pied l'un de l'autre, et pas plus de trois parallèles, ou les oiseaux qui se perchent sur le perchoir arrière ne reçoivent pas suffisamment d'air. Je les préfère légèrement inclinés, en forme d'échelle, à un angle de près de trente degrés, le perchoir le plus bas n'étant pas inférieur à trois pieds du sol, et pas plus de trois perchoirs parallèles. Lorsque le rideau en tissu est utilisé, tous bénéficient de l'air frais venant du rideau en toile.

LA COURSE

LES ruées font essentiellement partie du problème du logement. Les poules ont besoin de beaucoup d'exercice, mais elles sont trop indiscrètes pour avoir toute liberté là où l'on a un jardin, une bonne pelouse et des fleurs. Alors que les poules peuvent être élevées dans des bâtiments et, avec des soins appropriés, conserver leur santé, le propriétaire moyen d'un petit troupeau peut élever les oiseaux de manière plus économique s'il leur donne les avantages naturels de l'exercice en plein air.

Le parcours le plus utile est celui du stylo divisé, chaque section devant être utilisée alternativement.

Pour les races pondeuses actives, trois enclos d'environ dix pieds sur quarante pieds, destinés à être utilisés alternativement par le troupeau de quarante poules, sont conseillés. Lorsque deux sont utilisés, les dimensions doivent être plus grandes, disons dix sur soixante.

Un enclos pour grands oiseaux nécessite du grillage à volailles maillé de deux pouces, de cinq pieds et demi ou six pieds de largeur, soutenu par des poteaux espacés de neuf ou dix pieds. Le fil est attaché aux poteaux par des agrafes espacées d'environ quatre pouces. Une bande de bois ou toute autre finition en haut de la clôture constitue une objection. Le bord inférieur du fil nécessite une planche ou une bande sur laquelle il est puné. Des planches de six pouces de large peuvent être utilisées à cet effet.

QUELQUES CONSEILS D'ENTRETIEN

LE poulailler, aussi soigneusement construit soit-il, n'est pas un endroit approprié pour les volailles s'il est négligé. Les toiles d'araignées drapées dans les coins retiennent la poussière et les germes de maladies. Les perchoirs négligés deviennent infestés d'acariens et constituent dès lors une menace pour la santé des volailles. Les rainures et les crevasses dans les murs abritent des acariens, des poux et des maladies. Les rideaux de toile de jute qui deviennent poussiéreux ne laissent pas passer l'air pur ou renvoient un nuage de poussière directement aux volailles. Les sols recouverts d'une accumulation de saleté deviennent humides et froids, sans compter le risque de contamination.

Les vitres tachées de saleté ne laissent pas passer correctement la lumière du soleil.

Prendre correctement soin du poulailler demande du travail, et l'endroit semble désespérément peu attrayant lorsque la tâche est ignorée au jour le jour et que les péchés d'omission de chacun sont visibles dans l'ensemble. La bonne façon d'effectuer un tel travail est de le faire quotidiennement, alors que quelques minutes suffisent à maintenir l'hygiène du bâtiment.

La litière de paille doit être changée fréquemment, disons tous les trois jours, le sol étant balayé et de la litière fraîche étalée dessus.

Les déjections doivent être enlevées quotidiennement. Un peu de sable fin et sec agit comme absorbant s'il est saupoudré sur la surface nettoyée.

Les murs doivent être balayés une fois par semaine, en accordant une attention particulière aux coins, sous et derrière les nids, les perchoirs, etc. À cette fin , un balai à attelle, comme celui utilisé autour des écuries, est très utile.

Pour un nettoyage en profondeur une fois que toutes les saletés ont été balayées, rien n'est supérieur au blanchiment à la chaux. Il rend la pièce plus légère, adoucit l'air et constitue une « épaule froide » pour toute la vermine. Une pincée d'acide carbolique dilué constitue une protection contre les maladies. Il est préférable de nettoyer les perchoirs en les lavant avec un insecticide liquide, puis en les laissant sécher au soleil. Un bon lavage se fait en dissolvant un demi-gâteau de savon à lessive dans dix litres d'eau et en ajoutant cinq cuillères à soupe d'huile de kérosène.

* 9 7 8 9 3 5 9 2 5 5 6 6 8 *